EXAMPRESS

システム監査技術者
平成24年度
午後 過去問題集

落合 和雄 著

SHOEISHA

本書内容に関するお問い合わせについて

このたびは翔泳社の書籍をお買い上げいただき、誠にありがとうございます。弊社では、読者の皆様からのお問い合わせに適切に対応させていただくため、以下のガイドラインへのご協力をお願い致しております。下記項目をお読みいただき、手順に従ってお問い合わせください。

●ご質問される前に

弊社Webサイトの「正誤表」をご参照ください。これまでに判明した正誤や追加情報を掲載しています。

正誤表　http://www.shoeisha.co.jp/book/errata/

●ご質問方法

弊社Webサイトの「刊行物Q&A」をご利用ください。

刊行物Q&A　http://www.shoeisha.co.jp/book/qa/

インターネットをご利用でない場合は、FAXまたは郵便にて、下記"翔泳社 愛読者サービスセンター"までお問い合わせください。
電話でのご質問は、お受けしておりません。

●回答について

回答は、ご質問いただいた手段によってご返事申し上げます。ご質問の内容によっては、回答に数日ないしはそれ以上の期間を要する場合があります。

●ご質問に際してのご注意

本書の対象を越えるもの、記述個所を特定されないもの、また読者固有の環境に起因するご質問等にはお答えできませんので、予めご了承ください。

●郵便物送付先およびFAX番号

送付先住所　〒160-0006　東京都新宿区舟町5
FAX番号　　03-5362-3818
宛先　　　　（株）翔泳社 愛読者サービスセンター

※ 著者および出版社は、本書の使用による情報処理技術者試験合格を保証するものではありません。
※ 本書に記載されたURL等は予告なく変更される場合があります。
※ 本書の出版にあたっては正確な記述につとめましたが、著者や出版社のいずれも、本書の内容に対してなんらかの保証をするものではなく、内容やサンプルに基づくいかなる運用結果に関してもいっさいの責任を負いません。
※ 本書に掲載されているサンプルプログラムやスクリプト、および実行結果を記した画面イメージなどは、特定の設定に基づいた環境にて再現される一例です。
※ 本書では ™、®、© は割愛させていただいております。

平成24年度

システム監査技術者

平成24年度 午後Ⅰ　問1 ……………… 4

問2 ……………… 13

問3 ……………… 21

問4 ……………… 29

平成24年度 午後Ⅱ　問1 ……………… 38

問2 ……………… 46

問3 ……………… 56

午後Ⅰ問1

問 パブリッククラウドサービスを利用したシステムの監査に関する次の記述を読んで，設問1～4に答えよ。

M社は，中規模の金融機関である。M社の情報システムは，メインフレームシステムとサーバシステムに大別され，メインフレームシステムはベンダ保有のデータセンタで稼働し，サーバシステムは自社保有のデータセンタで稼働している。バックアップセンタは，各データセンタに対応させて遠隔地に設置されている。バックアップセンタにはシステム開発環境があり，バックアップデータも保管されている。

M社では，自社保有のデータセンタ及びバックアップセンタの規模縮小に向けたシステム移行が予定されていることから，内部監査部で企画段階におけるシステム監査を実施することになった。

〔パブリッククラウドサービス利用の検討経緯〕

M社の経営戦略会議において，自社保有のデータセンタ及びバックアップセンタの規模を段階的に縮小し，最終的には自社保有のデータセンタ及びバックアップセンタを基幹システムの運用に限定する方針が打ち出された。第一段階として，サーバシステム上で稼働する社内向けシステムの一部について，パブリッククラウドサービスの一形態である SaaS を利用することが決定された。

この決定を受けて，システム企画部及び社内向けシステムのオーナ各部の代表で構成されるパブリッククラウド移行プロジェクト（以下，移行プロジェクトという）が立ち上げられた。移行プロジェクトでは，システムの運用管理に関する業務負荷とコストの最適化，及びシステム資源利用の柔軟性向上を目指して検討を進めている。移行プロジェクトは，週に1回，移行プロジェクト会議を開き，会議での検討内容及び決定事項を記載した議事録を作成して，関係者に回付している。

〔パブリッククラウドサービス利用に関する検討内容及び検討結果〕

初めに，移行プロジェクトは，社内で利用している各情報システムが提供する機能の汎用性，及び SaaS を利用した場合の業務への影響度の観点から，パブリッククラウドサービス利用の候補となる情報システムを調査した。調査の結果，現在，個別に稼働している電子メール，電子掲示板，文書共有及び会議室予約の各情報システムが，

候補として挙げられた。

次に，これらの全ての機能をもったグループウェアを SaaS として提供するクラウドサービスプロバイダ（以下，CSP という）について調査した。調査の結果，A 社，B 社及び C 社を選定し，表 1 に示す観点から検討を行った。

表 1　パブリッククラウドサービス利用に関する検討項目及び検討内容

項番	検討項目	検討内容
1	機能	・現行システムと同等の機能を実装しているか ・操作方法は現行システムと大きな相違がないか
2	コスト	・ユーザライセンスに掛かるコストは妥当か ・現行システムと比較してシステム運用管理面でのコストメリットがあるか ・自社システムから SaaS へのデータ移行に掛かるコストは妥当か
3	パフォーマンス	・マルチテナント環境における他ユーザによる影響はないか ・システム資源追加の上限及びリードタイムは妥当か
4	可用性	・SLA で規定された稼働率は現行システムと同等の月間 99.9％以上か ・稼働率を下回った場合の CSP の対応及び補償内容は妥当か ・SLA に含まれない例外事項は妥当か
5	完全性	・トランザクション処理の完全性はどのように保証されるか ・処理されたデータの完全性はどのように保証されるか
6	機密保護及び個人情報保護	・物理的な認証及び論理的な認証は十分なレベルか ・データ暗号化機能は標準で実装されているか ・データ廃棄に関する手続は妥当か
7	コンプライアンス	・調査依頼，開示要求に対してどの程度まで対応できるか ・当該システムに関する監査報告書は入手できるか ・データが国外のサーバに格納される可能性はないか
8	運用及び監視	・運用及び監視はどの程度自動化されているか ・選択可能な運用及び監視項目は十分か ・運用及び監視に関する報告の頻度と内容は十分か
9	事業継続性	・財務内容は健全で良好か ・当該サービスは CSP の中核事業の一つか

表 2 は CSP に関する評価項目及び評価結果である。移行プロジェクトは，C 社が提供する SaaS が M 社の要求仕様に最も適していると評価した。また，移行プロジェクトでは，パブリッククラウドサービス利用に関する検討結果を，表 1 及び表 2 を含めて“クラウド移行検討報告書”（以下，検討報告書という）にまとめた。

表2 CSPに関する評価項目及び評価結果

項番	評価項目	評価結果		
		A社	B社	C社
1	機能	◎Web会議室機能あり	○	○
2	コスト	×ユーザライセンス料がB社，C社よりも高い	◎ユーザライセンス料のボリュームディスカウントあり	◎ヘルプデスク機能の標準提供によって運用コスト削減が可能
3	パフォーマンス	◎大容量ネットワークオプションが選択可能	×システム資源ごとに追加回数の制限あり	○
4	可用性	◎月間稼働率99.95％を保証	○	○
5	完全性	○	○	○
6	機密保護及び個人情報保護	○	×データ暗号化機能が有料オプション	○
7	コンプライアンス	○	○	○
8	運用及び監視	◎現状を上回る監視項目が選択可能	○	◎運用にヘルプデスク機能を標準で含む
9	事業継続性	○	◎契約顧客数が安定的に増加	○

◎：要求仕様を上回っている　○：要求仕様を満たしている　×：要求仕様を満たしていない

〔システム監査の実施〕

　内部監査部長は，検討報告書の作成を受けて，移行プロジェクトが行った検討内容の妥当性を監査することにし，その担当としてシステム監査人2名を任命した。システム監査人は，検討報告書，議事録などを入手して閲覧するとともに，関係者にインタビューを行い，監査結果を次のように整理した。

(1) 表1の項番9の検討内容について，CSPのサービス停止時におけるM社への影響を最小限に抑えるには，これだけでは不十分である。CSPの事業撤退，倒産などによるサービス停止を想定した検討を含める必要がある。

(2) B社のパフォーマンスに関する評価結果について，表2の項番3の内容だけで"要求仕様を満たしていない"と評価している。しかし，追加可能なシステム資源の上限を評価するには，これだけでは不十分である。

(3) 表2の項番4の評価結果について，各CSPが定めている稼働率を検証したところ，稼働率の算出項目及び稼働率算出の対象期間が各CSPで異なっていた。検討報告書には，これらの分析方法に関する記載がない。また，関係者へのインタビューにおいても明確な回答を得られなかった。これらの点から，可用性の評価結果は妥当性に欠けているのではないかという懸念がある。

(4) B社について，機密保護及び個人情報保護の評価結果は，表2の項番6でコストの観点から要求仕様を満たさないとしている。しかし，B社のSaaSを利用することによる総合的なコストメリットを考慮に入れた検討が不十分で，評価結果が誤っている可能性がある。

設問1 〔システム監査の実施〕(1) について，(1)，(2) に答えよ。

(1) システム監査人が必要と考えた"CSPの事業撤退，倒産などによるサービス停止を想定した検討"とは，どのような内容か。M社の資産保全の観点から，35字以内で述べよ。

(2) CSPの事業継続性について，M社がSaaS利用開始後に定期的に確認すべき事項は何か。万一の場合における他CSPへの乗換えも含めた観点から，45字以内で述べよ。

設問2 〔システム監査の実施〕(2) について，システム監査人は，"追加可能なシステム資源の上限を評価する"際に，他にどのような観点からの評価が必要だと考えたか。15字以内で述べよ。

設問3 〔システム監査の実施〕(3) について，(1)，(2) に答えよ。

(1) システム監査人が評価結果の妥当性に関して懸念をもった理由を，30字以内で述べよ。

(2) 評価結果が妥当でなかった場合に生じると考えられる影響を一つ挙げ，30字以内で述べよ。

設問4 〔システム監査の実施〕(4) について，システム監査人が不十分と考えた"総合的なコストメリットを考慮に入れた検討"とは，どのような内容か。比較対象と考えられる二つの項目を含め，50字以内で述べよ。

解答例・解説

●解答例（試験センター公表の解答例より）

> 設問1　(1) サービス停止時の契約顧客のデータ保全に関する契約が妥当かどうか。
> 　　　　　　　（32字）
>
> 　　　　　(2) 契約しているCSP及び競合するCSPの経営状況，経営方針の変化，契
> 　　　　　　　約顧客数の増減（40字）
>
> 設問2　システム資源の追加単位（11字）
>
> 設問3　(1) 共通の基準で比較及び評価されなかった可能性があるから（26字）
>
> 　　　　　(2) 想定した稼働率を下回り，業務が遅延する可能性がある。（26字）
>
> 設問4　データ暗号化機能オプションの追加コストとユーザライセンス料のボリュー
> 　　　　ムディスカウントとの比較（46字）

●問題文の読み方

(1) 全体構成の把握

概要			
パブリッククラウドサービス利用の検討経緯			設問
パブリッククラウドサービス利用に関する検討内容及び検討結果		システム監査の実施	

　最初に概要があり，続いてパブリッククラウドサービス利用の検討経緯が述べられている。その後に，パブリッククラウドサービス利用に関する検討内容及び検討結果が詳しく述べられており，ここに解答のヒントが多く書かれている。特にここに含まれる二つの表にヒントが書かれているので注意が必要である。最後にシステム監査の実施には，監査結果が整理されており，ここが設問と直接結びついている。

　解答のヒントは容易に見つかるが，それをどのような観点から解答するか迷う設問が多いので，少し難しく感じた受験者が多かったのではないかと思われる。

(2) 問題点の整理

　表1の検討内容と表2の評価結果がいくつかの設問のヒントになっているので，設問と評価結果の関連を整理することが，解答への第一歩になる。表2の評価結果

と関連する設問の対応箇所を整理すると次のようになる。

表と項番	内容	設問番号
表1の9	・財務内容は健全で良好か ・当該サービスはCSPの中核事業の一つか	設問1（2）
表2の2	・ユーザライセンス料のボリュームディスカウントあり	設問4
表2の3	・システム資源ごとに追加回数の制限あり	設問2
表2の6	・データ暗号化機能が有料オプション	設問4

（3）設問のパターン

設問番号	設問のパターン	設問のパターン（序章P27参照）		
		パターンA	パターンB	パターンC
設問1	指摘事項の提示	◎	◎	
設問2	指摘事項の提示		◎	◎
設問3	指摘事項の不備・根拠の指摘		◎	
設問4	指摘事項の不備・根拠の指摘			◎

●設問別解説

設問1

指摘事項の内容

（前提知識）

アウトソーシングに関する基本知識

（解説）

（1）は，CSPの事業撤退，倒産などによるサービス停止を想定した検討内容を答える設問である。問題文にあまりヒントがないので，アウトソーシング等で一般的に検討する必要がある項目という観点で考える必要がある。最大のヒントは，設問に書かれている「M社の資産保全の観点から」という記述である。CSPを利用すると，当然データ資産はCSPの中に存在することになる。もし，CSPが事業撤退や倒産によりサービスを停止した場合には，速やかにそのデータ資産を保全する手段を講じる必要がある。したがって，この手段があるかどうかを事前に確認しておかなければならない。具体的には，CSPとの間で結ぶサービス停止時のデータ保全に関する契約が妥当かどうかをチェックする必要がある。

（2）は，CSPの事業継続性について，M社がSaaS利用開始後に定期的に確認すべき事項を答える設問である。事業継続性については，**表1**の事業継続性の項目の検討内容に「財務内容は健全で良好か」と書かれている。財務内容などは，時の経過

9

に伴って変化するので，継続的に確認すべき事項と考えられる。また，**表1**の事業
継続性の項目の検討内容には「当該サービスはCSPの中核事業の一つか」と書かれ
ているので，これに関しても継続的に確認した方がよい。具体的には，経営方針の
変化や契約顧客数についても継続的に確認すべきである。設問には，「万一の場合に
おける他CSPへの乗換えも含めた観点から」という指定があるので，解答に際して
は，これも考慮する必要がある。したがって，これらの確認は契約しているCSPだ
けでなく競合するCSPについても行っておく必要がある。

自己採点の基準

（1）は，サービス停止時のデータ保全に関する契約，取決めや仕組みの妥当性の
確認という観点で書かれていなければならない。

（2）CSPと競合するCSPの両方を対象にした確認であることと，財務内容の健全
性と観点と中核事業であるかどうかの両方の観点に触れていなければならない。

設問2

指摘事項の内容

前提知識

評価結果の網羅性のチェック方法

解説

追加でどのような観点からの評価が必要になるかを答える設問である。現在の評
価は**表2**に「システム資源ごとに追加回数の制限あり」と書かれているので，これ
に追加してどのような評価が必要かを考えればよい。**表1**のパフォーマンスに関す
る対応する検討内容を見ると，「システム資源追加の上限及びリードタイムは妥当
か」と書かれており，システム資源追加の上限の確認が必要なことが分かる。これ
に対して**表2**の評価は，追加回数の制限があることしか書いていないので，これで
は上限のチェックはできないことが分かる。上限をチェックするためには，システ
ム資源の追加単位か，あるいは資源追加の上限が分かる必要がある。

自己採点の基準

システム資源の追加単位あるいはシステム資源追加の上限が述べられていなけれ
ばならない。

設問3

指摘事項の根拠

前提知識

評価結果の妥当性のチェック方法

解説

　（1）は，評価結果の妥当性に関して懸念をもった理由を答える設問である。〔システム監査の実施〕の（3）には，「各CSPが定めている稼働率を検証したところ，稼働率の算出項目及び稼働率算出の対象期間が各CSPで異なっていた」と書かれており，各CSPが共通の基準で比較及び評価されなかったことが分かる。解答としては，この点を指摘すればよい。

　（2）は，評価結果が妥当でなかった場合に生じると考えられる影響を答える設問である。影響に関しては，問題文にヒントは書かれていないので，一般常識で答えることになる。可用性に関する評価が適切でなければ，想定した稼働率を下回る可能性があることは容易に想像がつく。稼働率が下回ると業務が遅延したり，適切に実行されなかったりすることになると考えられる。

自己採点の基準

　（1）は，共通の基準で比較，評価されなかった可能性について言及していれば正解とする。

　（2）は，想定した稼働率を下回ることと，業務の遅延など，それに伴う適切な影響が書かれていれば正解とする。

設問4

指摘事項の根拠

前提知識

評価結果の妥当性のチェック方法

解説

　システム監査人が不十分と考えた“総合的なコストメリットを考慮に入れた検討”の内容を答える設問である。設問には，「比較対象と考えられる二つの項目を含め」という指示があるので，最初にこの二つの項目が何かを考える必要がある。一つは，〔システム監査の実施〕の（4）に書かれているように項番6の「機密保護及び個人情報保護」になる。ここに「データ暗号化機能が有料オプション」と書かれている点を捉えて移行プロジェクトはコストの観点から要求仕様を満たさないと判断して

11

いるが，システム監査人はこれを総合的なコストメリットを考慮に入れた検討が不十分であると判断している。**表2**からコストに関連する項目を探せば，項番2のコストが候補となる。これに関する**表2**のB社の評価には，「ユーザライセンス料のボリュームディスカウントあり」という記述があるので，これとデータ暗号化機能の有料オプションの料金を総合的に判断すればよいと考えられる。解答としては，この二つの項目の比較を書けばよい。

自己採点の基準

　データ暗号化機能オプションの追加コストとユーザライセンス料のボリュームディスカウントの比較について記載されていれば正解とする。

午後Ⅰ 問2

問 業務改革を伴うシステム導入後の監査に関する次の記述を読んで,設問1～3に答えよ。

K社は,外資系のG企業グループの日本の販売子会社である。K社では,近年,顧客数が増加している。さらに,顧客が在庫を削減する傾向にあるので製品の売上は小口化しており,取引件数が増加していることから,債権管理が重要な課題となっている。K社は,今回,G企業グループとしての統一的なシステムを導入するという方針の基に,ERPシステム(以下,新システムという)を導入した。

新システムは,債権管理を行う上で重要な役割を担っている。監査室は,新システムの稼働後3か月が経過したので,債権管理に重点を置いたシステム監査を実施することにした。

〔新システムの導入に伴う債権管理の改革〕

旧システムは,図1に示すように,各営業部が独自に開発・運用している販売システム・請求システムと,本社の情報システム部が開発・運用している財務部利用の会計システムで構成されていた。

これに対して,新システムでは,図2に示すように,販売から会計までの一連のプロセスがERPシステムのグループ標準仕様を基に構築され,受注出荷モジュールは全ての営業部が利用するようになった。また,財務部が利用する財務会計モジュールのうちの債権管理は,財務部債権管理課が利用している。新システムの導入に伴い,旧システムは,各営業部で個別に策定した計画に基づいて廃止される。

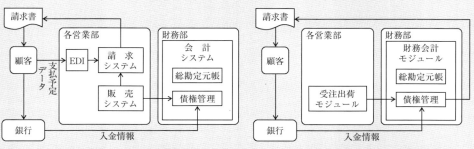

図1 旧システムの概要　　　図2 新システムの概要

新システムは，システム統合によるシステムコストの最適化の他，次のような債権管理の改革を目的として導入された。

(1) 債権残高の明細管理による債権管理の強化

① 旧システムでは，月次バッチ処理で販売システムの売上データを顧客別に集計して会計システムにデータ連携し，会計システムでは詳細な債権データを管理していなかった。実質的な債権管理は，各営業部が独自に行っていた。具体的には，どの売上に対する入金なのか分かるように，事前に支払予定データをほとんどの顧客からEDIで入手していた。そして，入手したデータと各営業部の請求システムの請求データをマッチングし，各営業部が独自の方針，手続に基づいて債権管理を行っていた。

② 新システムの財務会計モジュールでは，債権残高の明細を一元的に把握できるので，全社ベースで債権の滞留状況などを管理できる。

(2) 請求書発行の一元化による職務分離の強化

① 旧システムでは，各営業部の請求システムで請求書を発行していた。また，各営業部では，請求システムの請求データについて，製品未到着の売上取消，請求直前の単価間違いの修正などを行っていたので，会計システムの債権データと一致しないという状況もあった。

② 新システムでは，ERPシステムの機能によって，債権管理課が財務会計モジュールで請求書の発行，債権データの処理などを行い，売上業務及び債権管理業務について営業部に対する内部牽（ルビ＝けん）制を強化できる。

〔新システムの債権管理プロセス〕

新システムを利用した債権管理プロセスは，次のとおりである。

(1) 受注出荷モジュールで生成された売上データは，リアルタイムで自動的に財務会計モジュールにデータ連携され，売上明細単位で債権データが生成される。新システム移行時の債権残高データは，旧システムの会計システムで管理していた債権データを利用している。

(2) 月末に，債権残高合計と当月売上明細が印刷された請求書が，債権管理課から顧客に発送される。

(3) 受注出荷モジュールで対応できない債権の修正がある場合には，各営業部が，債権管理課に請求書の修正依頼を電話で行う。この債権データの追加・修正入力は，債権管理課だけに許可し，各営業部には当該情報の参照だけを許可している。

(4) 営業部ごとに開設された入金用口座に，顧客から代金が振り込まれる。ファームバンキングからダウンロードした入金情報を財務会計モジュールに自動連携するこ

とで，入金データが作成される。この後，入金データと，対応する債権データとの消込処理が行われ，各債権データに入金済みのフラグが設定される。請求書の合計額と入金データが一致すれば自動的に消込処理が行われるが，一致しない場合には，債権管理課の担当者が債権データに対して消込入力を行う必要がある。実際，取引量の多い大手顧客ほど，顧客自身の債務データに基づいて支払うことが多いので，請求書どおりの入金は期待できない。

(5) 債権残高が売上明細単位で管理されるので，債権の滞留情報なども詳細に把握できる。また，各営業部を含め，CSV 形式で債権データをダウンロードできる機能が提供されている。

〔システム監査の結果〕

　監査担当者は，システム監査の結果として，監査室長に次のような報告を行った。

(1) 旧システムから新システムに移行した債権データが完全に消し込まれていない顧客が3割程度残っていた。この債権残高の管理状況では，新システムの導入目的を十分に満たしているとはいえない。これは，移行に利用した債権データに関する問題が想定できたにもかかわらず，十分な対応手続がとられていなかったことが原因だと判断する。更に調査したところ，新システムの開発プロジェクトでは，各営業部の請求システムの請求データを利用する代替案が検討されたものの，採用されなかったことが把握された。

(2) 新システム導入後の債権明細については，債権データとの消込作業が完了していないものが多かった。この点について具体的な原因を調査するために，業務量及び業務手順の面から追加の監査を実施する必要がある。

(3) 債権データの修正に関して，正当性を保証できる手続が整備されていない部分があった。この点を除けば，データ修正に関する正当性のコントロールについては，特に問題はなかった。

設問1　〔システム監査の結果〕(1) について，(1)，(2) に答えよ。

　　　(1) 監査担当者が指摘した，"移行に利用した債権データに関する問題"を，40字以内で述べよ。

　　　(2) "請求データを利用する代替案"が採用されなかった理由として考えられる事項を，40字以内で述べよ。

設問2　〔システム監査の結果〕(2) について，どのような監査要点を追加すべきか。業務量及び業務手順の面から，それぞれ35字以内で述べよ。

設問3　〔システム監査の結果〕(3) の正当性に関して，(1)，(2) に答えよ。

(1) 新システムの債権管理手続において考えられる問題点を，35字以内で述べよ。

(2) (1)の問題点を除き，データ修正に関する正当性のコントロールを確かめるために，監査担当者はどのような監査要点を設定したか。35字以内で述べよ。

解答例・解説

●解答例（試験センター公表の解答例より）

設問1　（1）移行した残高は顧客別合計であり，通常の手続では，詳細な債権管理はできない。（37字）

（2）請求データは独自に修正されており，債権データとの調整は困難と判断した。（35字）

設問2　（業務量）　債権消込作業を実施できる要員が十分に配置されているか。(27字)

（業務手順）　各営業部から消込情報を正確に入手する手順が確立されているか。（30字）

設問3　（1）正当な承認に基づいているのか確認せずに，データの修正を行っている。(33字)

（2）債権データへのアクセス制限が適切に設定されているか，確かめる。(31字)

●問題文の読み方

（1）全体構成の把握

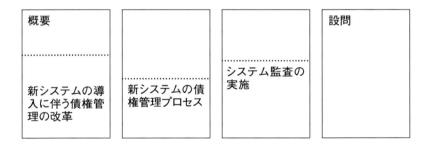

　最初に概要があり，続いて新システムの導入に伴う債権管理の改革が述べられており，ここに解答のヒントが多く書かれている。その後に，新システムの債権管理プロセスが述べられており，ここにもヒントが多く書かれている。最後にシステム監査の結果が述べられているが，ここには設問と関連する内容が書かれている。

（2）問題点の整理

　すべての設問が［システム監査の結果］の（1）～（3）の発見事項からの出題になっているので，発見事項とそれと関連する問題文の箇所を的確につかむことが，解答への第一歩になる。発見事項は，新システムに関連する項目なので，直接には［新システムの債権管理プロセス］に関連する記述がある。これを押さえた上で，［新

システムの導入に伴う債権管理の改革］の追加のヒントを探していくことになる。各発見事項と［新システムの債権管理プロセス］の対応箇所を整理すると次のようになる。

項番	指摘事項（新システム）	［新システムの債権管理プロセス］の対応箇所
(1)	旧システムから新システムに移行した債権データが完全に消し込まれていない顧客が3割程度残っていた。	(1) 新システム移行時の債権残高データは，旧システムの会計管理システムで管理していた債権データを利用している。
(2)	新システム導入後の債権明細については，債権データとの消込作業が完了していないものが多かった。	(4) 請求書の合計額と入金データが一致すれば自動的に消込処理が行われるが，一致しない場合には，債権管理課の担当者が債権データに対して消込入力を行う必要がある。
(3)	債権データの修正に関して，正当性を保証できる手続が整備されていない部分があった。	(3) 受注出荷モジュールで対応できない債権の修正がある場合には，各営業部が，債権管理課に請求書の修正依頼を電話で行う。

(3) 設問のパターン

設問番号	問われている項目	設問のパターン　（3ページ参照）		
		パターンA	パターンB	パターンC
設問1	監査証拠の指摘			◎
設問2	監査要点の指摘		◎	
設問3	監査要点の指摘		◎	

●設問別解説

設問1

監査証拠の指摘

前提知識

監査実施に関する基本知識

解説

　(1) は，移行に利用した債権データに関する問題を答える設問である。［新システムの債権管理プロセス］の (1) には，「新システム移行時の債権残高データは，旧システムの会計システムで管理していた債権データを利用している」という記述があり，移行に使用したデータは各営業部の請求システムで使用していたデータでないことが分かる。［新システムの導入に伴う債権管理の改革］の (1) ①には，「旧システムでは，月次バッチ処理で販売システムの売上データを顧客別に集計して会計システムにデータ連携し，会計システムでは詳細な債権データを管理していなかった」という記述があり，この移行データは詳細な債権管理データではない集計データであることが分かる。したがって，これが移行に利用した債権データに関する問

18

題であると推測できる。

　(2) は，請求データを利用する代替案が採用されなかった理由として考えられる事項を答える設問である。[新システムの導入に伴う債権管理の改革] の (2) ①には，「また，各営業部では，請求システムの請求データについて，製品未到着の売上取消，請求直前の単価間違いの修正などを行っていたので，会計システムの債権データと一致しないという状況もあった」という記述があり，請求データでは債権データと一致させることが難しいことが分かる。解答としては，この債権データとの調整が難しい点を指摘すればよい。

自己採点の基準

　(1) は，移行した残高が顧客別の集計データであることと，それによって詳細な債権管理ができないことが書かれていればよい。
　(2) は，請求データが独自に修正されている点と，それによって債権データとの調整が困難である点が指摘されていればよい。

設問2
監査要点の指摘

前提知識
監査計画に関する基本知識

解説

　新システム導入後の債権明細について，債権データとの消込作業が完了していないものが多い点を監査する場合に追加すべき監査要点を，業務量及び業務手順の面から答える設問である。[新システムの債権管理プロセス] の (4) には，「請求書の合計額と入金データが一致すれば自動的に消込処理が行われるが，一致しない場合には，債権管理課の担当者が債権データに対して消込入力を行う必要がある」と記述されており，債権データとの消込作業は従来の営業部ではなく債権管理課の担当者が実施することが分かる。また，この記述の後には，「実際，取引量の多い大手顧客ほど，顧客自身の債務データに基づいて支払うことが多いので，請求書どおりの入金は期待できない」という記述があり，一致しないデータがある程度存在することが分かる。したがって，業務量の面ではこの作業を実施する要員が十分に配置されているかを確認する必要があることが分かる。

　[新システムの導入に伴う債権管理の改革] の (1) ①には，「具体的には，どの売上に対する入金なのか分かるように，事前に支払予定データをほとんどの顧客からEDIで入手していた」という記述があり，このデータがないと消込処理が行えない

19

ことが分かる。したがって，業務手続の面からは，この情報を入手する手順が確立
しているかどうかを確認する必要があることが分かる。

（自己採点の基準）

　業務量の面からの解答は，消込作業を実施できる要員が十分に配置されているか
という点が書かれていれば正解とする。業務手続の面からの解答は，各営業部から
消込情報を入手する手順が確立しているかという点が書かれていれば正解とする。

設問3
監査要点の指摘

（前提知識）
監査計画に関する基本知識

（解説）
　（1）は，新システムの債権管理手続において考えられる問題点を指摘する設問で
ある。［新システムの債権管理プロセス］の（3）には，「受注出荷モジュールで対応
できない債権の修正がある場合には，各営業部が，債権管理課に請求書の修正依頼
を電話で行う」という記述があり，電話での連絡があれば債権管理課が修正を行っ
ていることが分かる。ここには，何ら承認行為の確認は存在しないので，これが正
当性に関する問題点であると推測できる。

　（2）は，データ修正に関する正当性のコントロールを確かめるために，どのよう
な監査要点を設定したかを答える設問である。［新システムの債権管理プロセス］の
（3）には，「この債権データの追加・修正入力は，債権管理課だけに許可し，各営業
部には当該情報の参照だけを許可している」という記述があり，債権データの追加・
修正入力は，債権管理課だけに許可されていることが分かる。しかし，監査の観点
からは，これで本当にアクセス制限がかかっているのかどうかを確認する必要があ
る。

（自己採点の基準）

　（1）は，正当な承認手続が行われているのかを確認せずに修正を行っている点が
書かれていれば正解とする。
　（2）は，債権データへのアクセス制限が適切に設定されているか確認することが
書かれていれば正解とする。

午後Ⅰ 問3

問 システム障害の再発防止の監査に関する次の記述を読んで，設問1～4に答えよ。

　ネット証券会社のE社では，近年，システム障害が多発している。中には，長時間，取引ができなくなるなど，顧客に大きな影響を与えたものもあった。E社は，これまでにも社長の指示で，システム障害の低減に向けて，設計段階及びテスト段階でのレビュー体制の強化など，ソフトウェアの品質向上に取り組んできた。しかし，システム障害の件数は期待ほどには減少していない上に，過去と同様のシステム障害も発生している。

　このような状況を打開するために，社長は監査部に対してシステム障害の再発防止に向けたシステム監査を実施するよう指示した。監査部では，幾つかのチームに分けて監査を実施することになり，D君は，システム障害の記録・分析，及び分析結果に基づいた再発防止の取組みが適切に行われているかどうかを監査するチームのリーダに任命された。

〔予備調査〕

　監査チームのメンバは，D君の指示を受けて，まず，システム障害の対応に関わる体制，手順などが記載された"システム障害管理要領"の内容を確認した。その結果は，次のとおりである。

(1) 利用部門の担当者がシステム障害を発見した場合は，ヘルプデスクに連絡する。ヘルプデスクは，過去の障害対応が記録されているデータベースを参照するなどして対応する。その結果，問題を解決できた場合は，そこで障害対応を完了する。

(2) ヘルプデスクで問題を解決できないが，システム障害の切分けができている場合は，ヘルプデスクから，ハードウェア，ネットワーク，アプリケーションなどの各保守チームのうち，該当する保守チームに対応を依頼する。一方，システム障害の切分けができていない場合は，障害の切分けを担当する監視チームに連絡する。

(3) 監視チームは，ヘルプデスクから依頼されたシステム障害の切分け，及び自らが行う監視業務において確認されたシステム障害の切分けを行い，該当する保守チームに対応を依頼する。

(4) 保守チームは，障害対応が完了すると，ヘルプデスク及び監視チームに対して，

21

完了報告と，利用部門が行うべき措置などを連絡する。関係する利用部門には，ヘルプデスクを通じて同様の連絡が行われる。

(5) 保守チームは，システム障害の原因分析及び再発防止策の検討を行った後，"システム障害報告書"を作成する。システム障害報告書の内容は，システム運用責任者，ヘルプデスク及び保守チームのリーダ，ベンダなどが参加する月次ミーティングにおいて報告され，原因分析や再発防止策の適切性などについて協議される。再発防止策は，システム運用責任者が，当該ミーティングでの結果を受けて，システム障害報告書に承認者として署名した後，実施される。

(6) 再発防止策の実施状況や有効性の確認は，その後の月次ミーティングで行われる。

また，予備調査では，発生したシステム障害の原因，再発防止策などが記録されたシステム障害報告書をサンプリングで20件確認した。表1は，監査で確認されたシステム障害報告書の例である。

表1 確認されたシステム障害報告書の例

作成者	○○部 ○○○○	作成日	平成23年12月22日（木）		No.	KA-35
発生時刻	平成23年12月19日（月）3時5分		報告者	○○部 ○○○○		
発生箇所（機器・システムなど）		国内株式システム				
障害種別	データベース障害	重要度		高	緊急度	高
現象及び影響範囲： 夜間バッチ処理において，データベースに障害が発生し，処理が終了できなくなった。その影響で，19日のサービスを開始できず，同日10時23分まで取引ができない事態に陥った。						
復旧時刻	平成23年12月19日（月）10時23分		確認者	○○部 ○○○○		
対応方法： データベースを夜間バッチ処理前の状態に戻し，再度実行したところ，正常に終了した。						
障害の原因： ベンダに確認したところ，データベースに最新のパッチが適用されていなかったことが判明した。今回の障害を受けてベンダが他社の状況を確認したところ，同一バージョンのデータベースを利用している他社の一部でも，同様のエラーが発生していることが分かった。原因については今のところ不明であるが，いずれも最新のパッチを適用した後は，同様の障害は発生していない。 なお，当該情報は，最新のパッチ配布時に通知されていたが，当社のシステム担当者は，"当社では同様の障害が発生していないので適用する必要がない"と判断した。						
再発防止策及び実施予定日： データベースに最新のパッチを適用する。平成23年12月24日（土）に実施する予定。						
備考欄： パッチの適用によって他の問題が発生しないか，十分な確認とテストを実施すること。						
承認者	○○部 ○○○○			（署名欄）		

〔本調査に向けた監査チームの検討会〕

　監査チームでは，予備調査の結果を受けて本調査に向けた検討会を開いた。検討会において，D君は今回の監査で設定した次の監査要点に基づいて，意見を述べた。

(1) 監査要点

　（ア）　システム障害が，漏れなくシステム障害報告書に記載されていること

　（イ）　システム障害報告書の記載項目及び記載内容が，必要かつ十分であること

　（ウ）　システム障害の原因分析の結果が，再発防止策を検討するために十分かつ妥当であること

　（エ）　システム障害の原因及び再発防止策が，関係者間で協議・決定されていること

　（オ）　再発防止策が権限者の承認後に実施されていること

　（カ）　実施した再発防止策の有効性が検証されていること

(2) D君の意見

　①　監査要点（ア）について，予備調査の結果から，システム障害報告書に記載されないシステム障害が存在する可能性がある。本調査では，この点について確認する必要がある。

　②　監査要点（イ）について，システム障害報告書の書式には，監査要点（オ）を確認するために必要な項目が抜けている。したがって，監査要点（オ）については，他の方法で確認する必要がある。

　③　監査要点（ウ）について，表1に記載されている障害の原因には，障害発生の根本原因が示されておらず，それに基づいた再発防止策だけでは不十分である。本調査では，根本原因が何かを調査する必要がある。

　④　監査要点（エ）及び（オ）について，システム障害管理要領に記載された手順では“対応できないケース”が発生する可能性がある。この点について，当該ケースが発生した場合の手順などを記載した文書が存在するかどうかを確認する必要がある。

設問1　D君の意見①について，システム障害がシステム障害報告書に記載されない可能性があるケースを30字以内で述べよ。

設問2　D君の意見②について，(1)，(2) に答えよ。

(1) 監査要点(オ)を確認するために，システム障害報告書に追加すべき項目を二つ挙げ，それぞれ20字以内で述べよ。

(2) 表1において，監査要点(オ)を確認するための手続を45字以内で述べよ。

設問3　D君の意見③について，根本原因を調査するための手続を50字以内で述べよ。

設問4　D君の意見④について，"対応できないケース"を40字以内で述べよ。

解答例・解説

●解答例（試験センター公表の解答例より）

設問1　障害が保守チームに報告されず，対応が完了したケース（25字）

設問2　(1)①承認者が承認を行った日付（12字）

　　　　　　②再発防止策が実施された日付（13字）

　　　　(2)月次ミーティングの議事録で開催日及び出席者を確認し，パッチ適用の
　　　　　　システム日付と比較する。（44字）

設問3　システム担当者にインタビューを行い，最新のパッチを適用しなかった理由
　　　　を確認する。（40字）

設問4　再発防止策を月次ミーティング前に実施しなければならないケース（30字）

●問題文の読み方

(1) 全体構成の把握

概要		本調査に向けた監査チームの検討会	設問
....			
予備調査			

　最初に概要があり，続いて予備調査の内容として，"システム障害管理要領"の内容とシステム障害報告書の例が書かれており，ここに解答のヒントの多くが書かれている。この後に，本調査に向けた監査チームの検討会の内容が書かれており，この内容が各設問と直接結び付いている。

　問題文のヒントの場所も見つけやすく，比較的答えやすい問題であった。

(2) 問題点の整理

　すべての設問が〔本調査に向けた監査チームの検討会〕の (1) 監査要点と (2) D君の意見に関連している。この関係を明確にしておくと，設問のポイントがつかみやすい。

設問	D君の意見	監査要点
設問1	①	（ア）
設問2	②	（イ），（オ）
設問3	③	（ウ）
設問4	④	（エ），（オ）

（3）設問のパターン

設問番号	設問のパターン	設問のパターン （序章P27参照）		
		パターンA	パターンB	パターンC
設問1	指摘事項の不備・根拠の指摘		◎	
設問2	監査手続の指摘・追加			◎
設問3	監査手続の指摘・追加		◎	
設問4	指摘事項の不備・根拠の指摘		◎	

●設問別解説

設問1

指摘事項の根拠

前提知識

システム運用に関する基本知識

解説

システム障害がシステム障害報告書に記載されない可能性があるケースを述べる設問である。問題文からシステム障害報告書に関する記述を探すと，〔予備調査〕の(5) に「保守チームは，システム障害の原因分析及び再発防止策の検討を行った後，"システム障害報告書"を作成する。」と書かれており，システム障害への対応が保守チームに依頼された場合には，システム障害報告書が記載されることが分かる。逆に，障害が保守チームに報告されず，対応が完了したケースはシステム障害報告書が記載されないことが分かる。保守チームに報告されないのは，ヘルプデスクでデータベースを参照するなどして解決できた場合なので，これを解答としてもよいと思われる。

自己採点の基準

障害が保守チームに報告されずに対応が完了した，あるいは，ヘルプデスク内で解決できたことにより対応が完了したケースが述べられていれば正解とする。

設問2

監査手続

前提知識

監査手続に関する基本知識

解説

（1）は，**監査要点（オ）**を確認するために，システム障害報告書に追加すべき項目を挙げる設問である。**監査要点（オ）**には，「再発防止策が権限者の承認後に実施されていること」と書かれており，これを確認するためには，権限者の承認日付と再発防止策の実施日を比較すればよいことが分かる。表1のシステム障害報告書の例を確認すると，この二つの項目がないことが分かるので，この二つを解答とすればよいことが分かる。

（2）は，**表1**において，**監査要点（オ）**を確認するための手続を述べる設問である。確認しなければいけないことは，再発防止策の承認の日付と再発防止策の実施日である。〔**予備調査**〕の**（5）**には，「再発防止策は，システム運用責任者が，当該ミーティングでの結果を受けて，システム障害報告書に承認者として署名した後，実施される」と書かれており，再発防止策は月次ミーティングで承認されることが分かる。したがって，月次ミーティングの議事録を見て開催日等を確認すれば，再発防止策の承認日が確認できることが分かる。一方，再発防止策であるパッチ適用の日付は，パッチ適用記録などを確認すればよいと思われる。解答としては，この二つを述べればよい。

自己採点の基準

（1）は権限者の承認日付と再発防止策の実施日が記載されていれば正解とする。

（2）の承認日は，月次ミーティングの議事録で承認日を確認することが述べられていれば正解とする。パッチ適用の日付は，インタビューやパッチ適用記録などで確認されていれば正解とする。

設問3

監査手続

前提知識

監査手続に関する基本知識

解説

障害発生の根本原因を調査するための監査手続を述べる設問である。**表1の「障**

害の原因」を見ると，「なお，当該情報は，最新のパッチ配布時に通知されていたが，当社のシステム担当者は，"当社では同様の障害が発生していないので適用する必要がない" と判断した。」と書かれている。このときに，システム担当者がパッチを適用していれば，今回の障害が防げたわけであるので，これを障害発生の一次原因と捉えるべきである。この一次原因をさらに根本原因まで辿るためには，なぜシステム担当者がパッチを適用しなかったのかを調べる必要がある。このときの監査技法としては，通常インタビュー法が使われると思われる。

表1の「障害の原因」には，「原因については今のところ不明であるが，いずれも最新のパッチを適用した後は，同様の障害は発生していない。」と書かれており，これの根本原因の調査を解答としたくなるが，これはE社自身の問題ではないので，ここで取り上げるべき内容ではない。

自己採点の基準

　最新のパッチを適用しなかった理由を確認することと，確認するための適切な監査手続が述べられていれば正解とする。

設問4

指摘事項の根拠

前提知識

　システム運用に関する基本知識

解説

　システム障害管理要領に記載された手順では "対応できないケース" を答える設問である。表1の「再発防止策及び実施予定日」を見ると，再発防止策であるパッチの適用予定日が12月24日になっており，障害発生日の12月19日の5日後になっていることが分かる。もし，この間に月次ミーティングが行われないと，監査要点（エ）及び（オ）は対応できないことになる。再発防止策の中には，このケースのように緊急に実施しないといけないものがあると思われるので，月次ミーティング前に再発防止策が実施される可能性があると思われる。解答は，この可能性について述べればよい。

自己採点の基準

　再発防止策を月次ミーティング前に実施する可能性について述べていれば正解とする。

午後Ⅰ 問4

> **問** システムの移行計画の監査に関する次の記述を読んで,設問1〜4に答えよ。

機械などの販売業を営むS社は,現行の販売管理システム（以下,現行システムという）を再構築することになり,現在,システムテスト及び移行の準備を行っている。新システムへの移行に当たって,開発を担当したシステム開発部,本番運用を担当するシステム運用部,及びシステムの利用部門が,移行計画書をレビューしている。また,現行システムは専用機上で稼働しているが,新システムは他のシステムと同一機器を共有する。

S社では,以前にシステム移行のトラブルが発生したことがあるので,一定規模以上のシステム開発の場合には,監査部が移行計画を監査することになっている。監査部は,予備調査として,移行計画書,移行手順書などのドキュメントを調査し,その結果を踏まえて本調査を実施した。

〔移行計画書の概要（抜粋）〕

移行計画書の概要は,次のとおりである。

(1) トランザクションデータの移行

受注,販売などのトランザクションデータは,現行システムの本番データから抽出してデータ変換を行い,新システムへ移行する。

(2) マスタデータの移行

顧客マスタには,"顧客ランク"という項目が追加される。顧客ランクは,過去の売上実績や与信情報に基づいて,移行用プログラムで自動的に設定する。組織マスタは,別環境で稼働している人事システムから日次でデータを受信する。組織マスタは,現行システムと同じDBMSを使用し,データ構造も変更しないので,移行当日に臨時に人事システムからの受信処理を実行して準備する。その他のマスタは,現行システムの本番データから抽出して,データ変換を行う。

(3) 新システムのプログラムの準備

新システムのプログラムは,事前に新環境に導入し,ジョブスケジュールなども事前に設定しておく。他システムとのインタフェース処理を除いて,バッチ処理をデータ0件の状態で1週間実行させておく。

(4) 移行判定会議

移行作業の着手可否を判断するために，"移行判定会議"を開催することになっている。判定会議では，表1に示す"移行判定基準"によって移行判定を行う。

表1　移行判定基準（抜粋）

項番	項目	判定基準
1	新システムのシステムテストの完了	全てのテスト項目が終了し，検出された不具合の対応が完了していること
2	移行手順書の作成及びレビュー	移行手順書が作成・レビューされ，承認されていること
3	移行用プログラムの作成及びテスト	移行用プログラムが作成・テストされ，承認されていること
4	移行リハーサルの完了	移行用プログラムを使用して移行リハーサルが実施され，検出された不具合の対応が完了していること

〔移行リハーサルの結果〕

システムテストで準備したデータを使用して，移行リハーサルを実施した。"移行リハーサル結果報告書"に記載された処理時間は，次のとおりである。

① 移行用データの抽出　：6時間30分
② データ変換　　　　　：7時間
③ 新システムのデータベースの生成：7時間
合計　　　　　　　　　：20時間30分

〔移行手順書の概要（抜粋）〕

本番移行は，システムを停止できる週末の2日間を使って実施する。新システムへの移行手順書の概要は，次のとおりである。

(1) 移行当日の体制

システム開発部，システム運用部及び利用部門が参加する。

(2) 移行タイムチャート

移行当日のタイムチャートは，表2のとおりである。

表2　移行タイムチャート

日程	時刻	作業項目	作業内容（抜粋）
1日目	0:00-0:30	現行システムの終了確認	現行システムのバッチ処理が正常に終了していることを確認する。
	0:30-8:00	移行用データの抽出	現行システムのデータベースから，移行用のデータを抽出する。
	8:00-16:00	データ変換	移行用プログラムを使用し，データを新システム用に変換する。
	16:00-24:00	データベースの生成	変換後のデータを新システムのデータベースに生成する。
2日目	0:00-1:00	組織マスタの受信処理	臨時に受信処理を実行し，組織マスタを生成する。
	1:00-8:00	移行処理結果の確認	組織マスタの受信処理が正常終了したことをログで確認する。データベース生成が完了したことをログで確認する。
	8:00-10:00	新システムの稼働確認	新システムのメニューから各画面への遷移を確認する。
	10:00-12:00	トランザクションデータの確認	新システムの各画面でトランザクションデータが問題なく表示されることを確認する。 移行用プログラムでの処理件数，顧客別サマリ金額が現行システムと一致することを確認する。
	12:00-15:00	マスタデータの内容確認	新システムのマスタ照会画面で，商品，単価，顧客の各マスタデータを何件か表示させ，現行システムの本番データと比較して，各マスタの項目が問題なく表示されることを確認する。

(3) 移行作業の検証及び移行判定

　移行作業の確認は，事前に作成した"移行作業チェックシート"に従って行い，システム運用部長に報告する。システム運用部長が報告内容を確認し，移行完了と本番システムとしての稼働開始を承認する。チェックシートは，表2の"作業内容"に記載されている事項をチェックリストにしたものである。

〔本調査の実施〕

本調査の結果は，次のとおりである。

(1) システム監査人は，移行リハーサルの処理時間と比較して，スケジュールに余裕があることは確認したが，移行タイムチャートの時間設定を問題ないと判断するためには，更に確認すべき事項があると考えた。

(2) システム監査人は，全ての移行用プログラムについて単体テスト及び結合テストが実施されていることを，テスト結果報告書で確認した。移行用プログラムは，新

システムのシステムテスト用のデータ作成にも使用されていた。システムテストでデータの不備が発見されると,その都度,システムテストの担当者が移行用プログラムを修正して対応していた。システム監査人は,リスクがあるので更に監査手続を実施する必要があると考えた。

(3) システム監査人は,マスタデータの移行が全て完了したことを確認するコントロールが適切かどうか,移行計画書及び移行手順書の内容を確認した。"顧客ランク"という重要項目を追加することから,システム監査人は,顧客マスタの移行結果の確認が重要と判断した。そこで,顧客マスタの移行結果の確認において,更に精度を高めるための確認内容を追加すべきだと考えた。

(4) システム監査人は,移行作業中に予期せぬトラブルが発生したときの対応が,移行手順書に記載されているかどうか確認した。トラブル発生時の連絡体制及び責任者が明記されていたので,移行作業の継続又は中止に関するコントロールを中心に確認した。

設問1 〔本調査の実施〕(1)について,システム監査人が更に確認すべき事項を35字以内で述べよ。

設問2 〔本調査の実施〕(2)について,システム監査人が考えたリスクを25字以内で述べよ。また,システム監査人が実施すべき監査手続を40字以内で述べよ。

設問3 〔本調査の実施〕(3)について,システム監査人が追加すべきと考えた確認内容を二つ挙げ,それぞれ45字以内で述べよ。

設問4 〔本調査の実施〕(4)について,システム監査人が確認したコントロールを,30字以内で具体的に述べよ。

解答例・解説

●解答例（試験センター公表の解答例より）

設問1	移行リハーサルを実施したときの条件は，本番移行時と同じ条件か（30字）
設問2	（リスク）本番移行後のデータに不具合が発生するリスク（21字）
	（監査手続）修正された移行用プログラムの結合テストの実施を，テスト結果報告書で確認する。（38字）
設問3	①・移行データの処理結果の確認時に，処理件数が現行データと一致していることを確認する。（41字）
	②・サンプルを何件か画面表示し，"顧客ランク"が適切に付加されていることを確認する。（40字）
設問4	移行を中止する場合の判断基準が明確になっていること（25字）

●問題文の読み方

（1）全体構成の把握

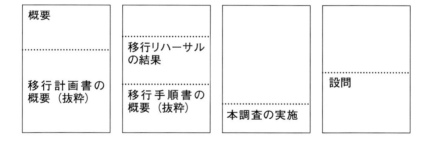

　最初に概要があり，続いて移行計画書の概要が述べられており，ここに解答のヒントが書かれている。その後に，移行リハーサルの結果が述べられ，続いて移行手順書の概要が述べられており，ここの表2の中にもヒントが書かれている。続いて本調査の実施が述べられている。

（2）問題点の整理

　すべての設問が［本調査の実施］の調査結果と関連した出題になっている。この調査結果に関しての実態は，いろいろな箇所に書かれているので，調査結果とそれと関連する記述の場所を的確につかむことが，解答への第一歩になる。調査結果と関連する記述の場所を整理すると次のようになる。

調査結果	調査結果の内容	対応する記述
(1)	移行タイムチャートの時間設定に関する確認が必要	[移行リハーサルの結果] 表2
(2)	移行用プログラムにリスクがある。	[本調査の実施] (2) の中のみ
(3)	顧客マスタの移行結果の確認が必要	[移行結果書の概要 (抜粋)] (2) 表2
(4)	移行作業の継続又は中止に関するコントロールが必要	関連する記述なし

(3) 設問のパターン

設問番号	問われている項目	設問のパターン (3ページ参照)		
		パターンA	パターンB	パターンC
設問1	監査の留意点の指摘		◎	
設問2	監査手続の指摘		◎	
設問3	コントロールの指摘		◎	
設問4	コントロールの指摘	◎		

●設問別解説

設問1

監査手続の指摘

前提知識

監査手続に関する基本知識

解説

　移行スケジュールの設定に関して，システム監査人が更に確認すべき事項を答える設問である。問題文にヒントがないので，一般論主体で答えることになる。[本調査の実施] の (1) には，「システム監査人は，移行リハーサルの処理時間と比較して，スケジュールに余裕があることは確認したが，移行タイムチャートの時間設定を問題ないと判断するためには，更に確認すべき事項があると考えた」と書かれている。[移行リハーサルの結果] に書かれた各処理の処理時間と表2の移行タイムチャートを比較すると，各処理とも移行タイムチャートの方が少し時間に余裕があることが確かに確認できる。問題は，これをそのまま信用してよいかということである。これが信用できない理由としてはいろいろなものが思いつくが，その中でも最も一般的なことが，移行リハーサルを実施したときの条件が本番移行時と同じかどうかという点である。

> **自己採点の基準**
>
> 　移行リハーサルと本番移行時で，条件が同じかどうかを確認することが述べられていれば正解とする。

設問2

監査手続の指摘

> **前提知識**
>
> 監査手続に関する基本知識

> **解説**
>
> 　移行用プログラムに関するリスクと監査手続を述べる設問である。［本調査の実施］の（2）には，「システム監査人は，全ての移行用プログラムについて単体テスト及び結合テストが実施されていることを，テスト結果報告書で確認した」と書かれており，移行用プログラムの作成時には，テストが行われていることは確認できていることが分かる。しかし，その先の記述には，「システムテストでデータの不備が発見されると，その都度，システムテストの担当者が移行用プログラムを修正して対応していた」という記述があり，移行用プログラムがその後修正されていることが分かる。この修正後のテストに関しては，問題文に記述がないので，これを確認する必要があることが推測できる。リスクとしては，移行用プログラムに不具合があり，本番移行後のデータに不具合が発見される可能性を指摘すればよい。監査手続としては，修正された移行用プログラムのテストが行われていることをテスト結果報告書で確認する点を挙げることになる。

> **自己採点の基準**
>
> 　リスクとしては，本番移行後のデータに不具合が発見される点が書かれていれば正解とする。監査手続としては，修正された移行用プログラムのテストの確認をテスト結果報告書で行うことが書かれていれば正解とする。

設問3

コントロールの指摘

> **前提知識**
>
> コントロールに関する基本知識

> **解説**
>
> 　顧客マスタの移行結果に関して追加すべきと考えた確認内容を挙げる設問であ

る。表2の「マスタデータの内容確認」には、「新システムのマスタ照会画面で、商品、単価、顧客の各マスタデータを何件か表示させ、現行システムの本番データと比較して、各マスタの項目が問題なく表示されることを確認する」という記述があり、サンプリングによる現行データとの比較が行われることが分かる。しかし、顧客マスタの"顧客ランク"は新たに追加される項目なので、単なる現行データとの比較ではチェックできない。そこで、顧客ランクの設定方法を理解している人が、顧客ランクの設定の正確性についてチェックすることが考えられる。また、このような場合、通常、完全性、正確性、正当性の3つがチェックされるが、マスタの確認において正当性はあまり関係ないので、残る完全性のチェックも行った方がよいと思われる。具体的には、現行データの件数と移行後のデータの件数が一致することを確認することが考えられる。

自己採点の基準

　サンプリングで顧客ランクの設定の正確性についてチェックすることが述べられていれば正解とする。また、現行データと移行後のデータ件数が一致することの確認について述べられていれば正解とする。

設問4
コントロールの指摘

前提知識

コントロールに関する基本知識

解説

　移行作業中に予期せぬトラブルが発生したときの移行作業の継続又は中止に関して必要なコントロールを述べる設問である。問題文には特にヒントは書かれていないので、一般論で答えることになる。

　移行作業でトラブルが発生したときの、移行作業の継続又は中止の意思決定は非常に難しい。移行を中止すると、再度スケジュールを立てなくてはいけなかったり、追加の費用が発生したりするなどの影響が出てしまうことになる。一方で、移行を無理に継続すると、移行も完了せずに現行システムにも戻せないという最悪な事態になってしまうことになる。したがって、移行を中止する場合の判断基準が明確になっていることが必要になる。

自己採点の基準

　移行を中止する場合の判断基準が明確になっていることが述べられていれば正解

とする。

午後Ⅱ問1

問 コントロールセルフアセスメント（CSA）とシステム監査について

　今日，CSA を導入する組織が増えている。その背景には，組織全体の内部統制や情報セキュリティなどに関わるリスク，及びリスクに対するコントロールの遵守状況を評価する必要性が高まっているという状況がある。CSA は，各業務に従事する担当者が質問書に回答したり，ワークショップで議論したりして，業務に関わるリスクの評価及びコントロールの遵守状況を評価する手法である。

　CSA では，業務の担当者が自ら評価を行うので，当該業務における特有のリスクを発見しやすい。また，評価を通じて自らが遵守すべきコントロールを理解できるといった教育的な効果も期待できる。しかし，自己評価であることにより回答が甘くなってしまったり，業務に精通しているがゆえに客観的な評価が難しかったりする問題もある。したがって，CSA の実施方法や結果が適切かどうかを監査で確認する必要がある。

　一方，監査では，監査要員，監査時間などの制約によって，監査対象の全てに対して監査手続を実施するのは難しい。そこで，適切な CSA が実施されている場合には，重要なリスクを見過ごしたり，誤った指摘を行ったりしないように，その実施結果を監査に活用することができる。あわせて，CSA の結果を活用して，監査業務の効率を向上させることもできる。

　あなたの経験と考えに基づいて，設問ア～ウに従って論述せよ。

設問ア あなたが関係する組織において実施された情報システムに関連するCSAについて，その目的，対象範囲，実施方法を800字以内で述べよ。

設問イ 設問アで述べたCSAの実施方法や結果の適切性を監査する場合の監査手続について，監査要点を含めて700字以上1,400字以内で具体的に述べよ。

設問ウ 設問アで述べたCSAを活用して監査を実施する場合の監査の概要及びCSAの活用の効果について，700字以上1,400字以内で具体的に述べよ。

解説

●段落構成

```
1. CSAの目的，対象範囲，実施方法
   1.1 CSAの目的
   1.2 CSAの対象範囲，実施方法
2. CSAの適切性を監査する場合の監査手続
   2.1 CSAの実施方法の適切性の監査
   2.2 CSAの結果の適切性の監査
3. CSAを活用した監査の概要と活用の効果
   3.1 CSAを活用した監査の概要
   3.2 CSAの活用の効果
```

●問題文の読み方と構成の組み立て

（1）問題文の意図と取り組み方

コントロールセルフアセスメント（CSA）という用語が初めて出題された。CSA
とは，問題文に書かれているとおり，「各業務に従事する担当者が質問書に回答した
り，ワークショップで議論したりして，業務に関わるリスクの評価及びコントロー
ルの遵守状況を評価する手法である」。このCSAの意味を正しく理解し，その具体
的な事例を示せるかどうかが，合格論文を書くための最大のポイントになる。

問題の構成としては，設問イがCSAの適切性を監査する場合の監査手続であり，
設問ウがCSAを活用して監査をする場合の監査の概要となっており，それぞれ観点
が異なっているので，この二つをうまく書き分けることが重要である。

（2）全体構成を組み立てる

設問アでは，CSAの目的，対象範囲，実施方法を述べる必要がある。CSAの実施
方法としては，問題文に質問書への回答とワークショップを行う方法の二つが述べ
られているが，実務においてもこの二つが主に使用される。CSAの目的に関しては，
監査の効率を上げたいという観点と，問題文に書かれているように，業務特有のリ
スクを発見するという観点や，教育効果という観点が考えられる。

設問イでは，CSAの実施方法や結果の適切性を監査する場合の監査手続について
述べる必要がある。問題文に書かれているように，CSAは自己評価であることによ
り回答が甘くなってしまったり，業務に精通しているがゆえに客観的な評価が難し
くなってしまったりするなどの問題が指摘されている。CSAの実施方法や結果の適

39

切性を監査する場合には，これらの問題点も考慮した上で，適切な結果が得られるようになっているかを確認する必要がある。

また，設問には「監査要点を含めて」と書かれているので，これをどのように書くかが重要になる。この監査要点は，CSAの実施方法として何を選ぶかによって変わってくると思われる。また，実施方法の適切性を監査するのか，結果を監査するのかによっても，監査要点は変わってくる。質問書への回答とワークショップについて，この監査要点を表にまとめると次のようになる。

表 実施方法別監査要点の例

	質問書への回答	ワークショップ
実施方法の適切性	・質問書内容が適切かどうかを確認すること	・ワークショップで討議される内容が適切か ・出席者が適切か
結果の適切性	・本当に質問書が正直かつ実態を正確に反映して記入されているか	・適切な討議が行われ，本当に当初の目的どおりの成果が出ているか

設問ウは，CSAを活用して監査を実施する場合の監査の概要及びCSAの活用効果を述べる設問である。監査の概要については，監査においてCSAをどのように活用したのかを述べればよい。

CSA活用の効果については，重要なリスクを見逃さないという監査の有効性を高めるという観点と，監査業務の効率を向上させるという観点からの効果の二つが考えられる。前者に関しては，通常の監査よりも広範囲を対象としていることや，実際の現場の人の意見を吸い上げている点などを述べればよい。後者に関しては，CSAによって，リスクの高そうな部分をあらかじめ抽出しておくことなどを挙げればよい。

●論文設計テンプレート

1. CSAの目的，対象範囲，実施方法

　　1.1 CSAの目的，対象範囲

　　　・A社は，自動車保険，火災保険，傷害保険などの保険商品を，代理店を通じて販売している損害保険会社である。

　　　・各代理店には代理店システムが導入されているが，個人情報を扱うのでセキュリティには十分に配慮する必要がある。

　　　・各代理店にシステム監査を行うことが望ましいが，代理店の数が2万店を超えているため従来の方法では不可能なので，質問書を送ることによって調査を行うこととした。

1.2 実施方法

- 質問書には，セキュリティ体制の整備状況と，各種ルールの遵守状況の二つに分けて，幾つかの質問を記載している。

2. CSAの適切性を監査する場合の監査手続

2.1 CSAの実施方法の適切性の監査

- 質問書は，セキュリティポリシとセキュリティ管理規定の中から，代理店に関係するものを選択して作成した。この選択が適切に行われていることを確認する。
- 選択した項目の中から，リスクの高そうな項目を選択することとした。この選択に関しても，選定メンバーの適切性を確認する。

2.2 CSAの結果の適切性の監査

- サンプリングで幾つかの代理店を無作為に選んで，質問書の回答内容について，インタビュー及び実地調査で回答内容が正確であることを確認した。
- サンプリング対象とならなかった代理店については回答内容を精査し，回答内容に不自然な点がないかチェックした。

3. CSAを活用した監査の概要と活用の効果

3.1 CSAを活用した監査の概要

- 基本的にはCSAの結果をもとに監査を行うこととした。
- 質問票の各項目に点数を付け，その合計が基準点以下の代理店については，改善策を提出させた。
- サンプリングによるチェックを行うことを，全代理店にアナウンスすることにより，回答内容の正確性を高めることとした。

3.2 CSAの活用の効果

- 1年目は質問票の点数が基準点に達しない代理店が1割あったが，2年目にはその数が半減した。
- 記載内容に問題があった代理店が1年目は十数社あったが，2年目はこれも数社まで減らすことができた。

1．CSA の目的，対象範囲，実施方法

1．1　CSA の目的，対象範囲

　A 社は，自動車保険，火災保険，傷害保険などの保険商品を，代理店を通じて販売している損害保険会社である。各代理店には，代理店システムが導入されており，商品の設計や保険の申込などは，この端末から処理できるようになっている。このシステムは，顧客の個人情報を扱うこともあり，セキュリティには十分に配慮する必要がある。システムの方で伝送情報の暗号化やパスワードの設定などの対策をとることはもちろん行っているが，セキュリティを確保するためには，代理店のシステムの運用についてもルールを守ってもらう必要がある。

　このルールの遵守状況については，各代理店に関してシステム監査を行うことが望ましいが，代理店の数は全国で2万店を超えており，代理店ごとにシステム監査を行うことは到底不可能である。そこで，代理店にシステム監査を行う代わりに，代理店システムの運用状況に関する質問書を各代理店に送り，セキュリティ体制の整備状況や，各種ルールの遵守状況について調査を行うこととした。

> CSAで監査をやらざるを得ないことをアピールしている。

1．2　実施方法

　実施に際しては，質問書を作成し各代理店に送付した。質問書には，セキュリティ体制の整備状況と，各種ルールの遵守状況の二つに分けて，幾つかの質問を作り，Yes, No で答えてもらうようにした。質問の内容は，「管理責任者を定めているか」，「各パソコンには，サイオン時にパスワードを設定しているか」などの，具体的な内容にし，重要な項目については管理者名などを具体的に記入してもらうようにした。

> リアリティが出るように工夫している。

2．CSA の適切性を監査する場合の監査手続

2．1　CSA の実施方法の適切性の監査

　CSA の実施方法の適切性の監査では，質問書の質問内

容が適切かどうかを確認することが重要な監査要点になる。A社では，情報セキュリティに関して，セキュリティポリシとそれに基づく，幾つかのセキュリティ管理規定が定められている。この質問書は，基本的にはこのセキュリティポリシとセキュリティ管理規定に準拠していることが求められる。しかし，これらの内容をすべて網羅しようとすると，質問書の内容が多くなりすぎて，代理店の回答が非常に大変になってしまう。また，これらの規定の中には，代理店には関係のないものも含まれている。そこで，A社ではこれらの規定の中から代理店に関係しそうな規定をまず選び，その次に，その中から代理店においてリスクが高いと思われるものを抽出して，それをベースに質問書を作成している。

　したがって，監査に際しては，最初にセキュリティポリシとセキュリティ管理規定からの選択が適切かどうかを確認する必要がある，具体的には，選定のメンバーがセキュリティ管理規定に詳しく，かつ，代理店業務に詳しいメンバーになっているかを，インタビューで確認することとした。次に，監査人が幾つかの規定から代理店に関連しそうな項目を抽出し，それらを選定対象となった規定と突合し，選定に漏れがないことを確認した。

　次に，この選定した規定の中から，代理店にとってリスクの高い項目を抽出する作業の適切性を確認する必要がある。具体的には，このリスク評価に関して，セキュリティに詳しいメンバーと代理店業務に詳しいメンバーが参画していることを議事録で確認した。また，そのリスク評価で発生確率と被害額に分けて合理的な評価方法が採用されていることや，リスク評価に際して過去の代理店でのセキュリティ事故等が考慮されていることを，議事録の閲覧とインタビューで確認することとした。

2．2　CSAの結果の適切性の監査
　CSAの結果の適切性の監査に関しては，各代理店が質

質問書の内容の根拠を明確にしている。

設問に忠実に，実施方法の適切性と結果の適切性に分けて記述している。

問書に対して正確に記載を行っているかどうかを確認することが監査要点として考えられる。

　これを確認するための監査手続としては，サンプリングで幾つかの代理店を無作為に選んで，その代理店の質問書の回答内容について，インタビュー及び実地調査で回答内容が正確であることを確認した。

　さらに，サンプリング対象とならなかった代理店については回答内容を精査し，すべての項目について回答がされていることと，回答内容相互間に矛盾があるなどの回答内容について不自然な内容がないかどうかをチェックすることとした。不自然な内容があった場合には，電話やメールなどにより，回答内容について確認をとることとした。

監査の信頼性を上げる努力をしていることをアピールしている。

３．CSA を活用した監査の概要と活用の効果

３．１　CSA を活用した監査の概要

　代理店のセキュリティ体制の監査については，全代理店を訪問して監査を行うことは，監査資源の制約上無理な状況なので，基本的にはCSAの結果をもとに監査を行うこととした。具体的には，質問項目の各項目に点数を割り振り，その回答内容によって点数を付けた。この点数の合計が基準点以下の代理店に関しては改善策を提出させ，翌年のチェックリストで改善がなされたかどうかをチェックすることとした。

客観的な基準を設けて監査を行っていることをアピールしている。

　しかし，この方法だけでは，全ての代理店が正確に回答していることの保証がないので，監査の信頼性も保証されない危険性がある。そこで，２．２で述べた対策をとることで，幾つかの代理店に関しては，記載内容のチェックを行うと同時に，このようなサンプリングによるチェックを行うことを，全代理店にアナウンスすることにより，回答内容の正確性を高めることとした。

３．２　CSA の活用の効果

　CSA を活用することで，普通の方法では不可能と思わ

れる全代理店のセキュリティ体制の監査を行うことがで
きたことは，大きな成果であったと思われる。監査の結
果，1年目は全体の代理店の約1割が質問票の点数が基
準点に達せず，何らかの改善勧告を受けたが，その改善
計画の実施状況を定期的にフォローすることによって，2
年目は基準点に達しない代理店を半分以下に減らすこと
ができ，CSAの活用による監査が実際に効果を上げたこ
とが証明できた。今後は，質問票の基準点を上げること
によって，代理店のセキュリティ管理体制の強化をさら
に図ることができるのではないかと期待している。

　また，サンプリングによるチェックを行うことを公表
した結果，1年目は質問票の記載内容に何らかの問題が
あった代理店が十数社あったが，2年目にはこれも数社
まで減らすことができ，質問票の記載内容の信頼性も高
くなったことが判明した。ただし，この点に関しては，気
を緩めずにさらに正確な記載をしてもらえるように，代
理店の啓蒙に力を入れたいと思っている。

> 具体的な数値を挙げることでリアリティを出そうとしている。

午後Ⅱ問2

問 システムの日常的な保守に関する監査について

　稼働中の情報システムや組込みシステムでは，関連する業務内容の変更，システム稼働環境の変更，システム不具合への対応などの目的で，マスタファイルの更新，システム設定ファイルの変更，プログラムの軽微な修正など，日常的な保守が必要になる。これらの保守は，業務の大幅な見直しに伴うシステム変更のような大規模な保守に比べて，短期間で対応しなければならない場合が多い。

　例えば，新商品を発売したり，商品の売価を改訂したりする場合は，当該商品の発売や売価改訂のタイミングに合わせて，商品マスタファイルを変更する必要がある。また，プログラムやシステム設定ファイルなどの不備が原因でシステム障害が発生した場合は，速やかに当該プログラムやシステム設定ファイルなどを修正して，システムを復旧しなければならない。

　一方で，これらの日常的な保守は，当該システムの開発に携わっていない保守要員が行ったり，外部に委託したりすることも多い。また，システムの利用部門がマスタファイルへの追加や変更を行う場合もある。もし，誤った変更や修正が行われると，その影響はシステムの誤作動や処理遅延にとどまらず，システムの停止などに至ることもある。

　システム監査人は，このような状況を踏まえて，情報システムや組込みシステムの日常的な保守が適切に行われているかどうかを確認する必要がある。

　あなたの経験と考えに基づいて，設問ア〜ウに従って論述せよ。

設問ア あなたが関係した情報システム又は組込みシステムの概要と，当該システムの日常的な保守の体制及び方法について，800字以内で述べよ。

設問イ 設問アで述べたシステムの日常的な保守において，どのようなリスクが想定され，また，そのリスクはどのような要因から生じるか。700字以上1,400字以内で具体的に述べよ。

設問ウ 設問イで述べたリスクが生じる要因を踏まえて，当該システムの日常的な保守の適切性を監査する場合，どのような監査要点を設定するか。監査証拠と対応付けて，700字以上1,400字以内で具体的に述べよ。

解説

●段落構成

```
1.  情報システムの概要と日常的な保守の体制及び方法
    1.1  情報システムの概要（375字）
    1.2  日常的な保守の体制及び方法（375字）
2.  保守において想定されるリスクとその要因
    2.1  想定されるリスク（625字）
    2.2  リスクの要因（625字）
3.  日常的な保守の適切性を監査する場合の監査要点
    3.1  監査証拠に基づく監査の必要性（825字）
    3.2  設定する監査要点（575字）
```

●問題文の読み方と構成の組み立て

（1）問題文の意図と取り組み方

　システム保守の監査に関する問題で，平成11年度以来の二度目の出題となるテーマであった。しかし，多くの人がシステムの保守には馴染みがあると思われるので，決して書きにくいテーマではなかったと思われる。

　問題の構成としては，**設問イ**でリスクを述べ，**設問ウ**で監査要点を述べる一般的な構成になっている。**設問イ**で述べたリスクの観点と対応させて設問ウの監査要点を述べていくことが重要である。

（2）全体構成を組み立てる

　設問アでは，あなたが関係した情報システム又は組込みシステムの概要と，当該システムの日常的な保守の体制及び方法について述べる必要がある。前半のシステムの概要については，**設問ア**で最もよく出題される内容の一つなので，非常に書きやすいと思われる。後半の日常的な保守の体制及び方法についても，実際の状況をそのまま述べればよいので，特に難しい点はないと思われる。

　重要なことは，**設問イ**で述べる日常的な保守のリスクとの関連性が分かるように，**設問イ**で書くことを想定して一貫性が出るように書くことである。

　設問イでは，システムの日常的な保守において想定すべきリスクとその要因を述べる必要がある。問題文には保守の対象として，次の項目が例示されている。

　　● 商品マスタファイルの変更

47

- プログラムの修正
- システム設定ファイルの修正

　したがって，対象となるのはプログラムの修正だけでなく，各種ファイルの修正等も含まれることが分かる。
　また，リスクの例として問題文に挙げられているのは，次の項目である。

- 誤ったファイルやプログラムの変更や修正によるシステムの誤動作や処理遅延及びシステム停止

　したがって，直接的なリスクとしては，誤ったファイルやプログラムの修正を考えればよいことになる。
　次にリスクが生じる要因であるが，これに関しては問題文にはっきりした記述はないが，間接的には，次のような項目が暗示されている。

- 当該システムの開発に携わっていない保守要員が作業をする。
- 外部に委託する。
- システムの利用部門が追加や変更を行う。

　これらの項目は決しておかしなことを行っているわけではないが，リスクを高める要素になる可能性があるので，これらを参考にするのもよいであろう。
　設問ウは，**設問イ**で述べたリスクが生じる要因を踏まえて，当該システムの日常的な保守の適切性を監査する場合に，どのような監査要点を設定すべきかを述べる必要がある。監査要点とは，監査項目について評価する内容なので，どのような点を監査で確認すべきであるかを述べればよい。ここで，まず注意が必要なことは，設問に「**設問イ**で述べたリスクが生じる要因を踏まえて」という指定がある点である。監査は何らかのリスクが想定されるから行われるものであり，監査とリスクは表裏一体の関係にある。したがって，ここでも**設問イ**で述べたリスクの要因を踏まえ，それとの関係を明確にして記述することが重要である。さらに設問には，「監査証拠と対応付けて」という指定もある。これから監査を行おうとしているのに，なぜ監査証拠との対応付けができるのかが不思議に感じるが，ここでは**設問イ**で述べたリスクを調査する際に発見されたリスクの存在を裏付ける事実を監査証拠と考えて，対応付けを行えばよいであろう。

●論文設計テンプレート

1. 情報システムの概要と日常的な保守の体制及び方法
    1.1 情報システムの概要
        ・情報機器販売商社の販売管理システム
        ・ソフトウェア開発は外注
    1.2 日常的な保守の体制及び方法
        ・情報システム室に8名の社員が属しており，システム開発後の保守を行っている
        ・各種マスタの保守の実施
        ・プログラムの修正
2. 保守において想定されるリスクとその要因
    2.1 想定されるリスク
        （1）各種マスタの修正に関するリスク
        ・各種マスタの修正を間違えると大きな影響が予想される
        ・修正後のチェックが表面的に行われている可能性がある
        （2）プログラム修正に関するリスク
        ・情報システム担当者がプログラムを十分に理解できていない可能性がある
        ・プログラム修正後のテストが十分に行われていない
    2.2 リスクの要因
        （1）各種マスタの修正に関するリスク要因
        ・自分の仕事が忙しいとチェックがいい加減になる
        （2）プログラム修正に関するリスク要因
        ・外注や前任者から引継ぎが十分に行われていない
        ・品質基準が保守作業の現状に合っていない
        ・品質基準が遵守されていない
3. 日常的な保守の適切性を監査する場合の監査要点
    3.1 監査証拠に基づく監査の必要性
        （1）各種マスタの修正に関する監査の必要性
        ・各種マスタの修正時のチェックが十分に行われていない可能性が高い
        （2）プログラム修正に関するリスク
        ・外注，前任者からの引継ぎが十分でなく，担当者のスキルにバラツキがある

・適切な品質基準になっているかを確認する必要がある

・担当者全員を対象として，その理解度と遵守状況を確認する必要がある

3.2 設定する監査要点

(1) 各種マスタの修正に関する監査要点

・マスタ修正後のチェックの方法が規程化されており，その内容は妥当か

・修正後のチェックが規程どおりに確実に実施されているか

・修正後のチェックの重要性が，担当者全員に理解されているか

(2) プログラム修正に関する監査要点

・プログラム修正に関する品質基準の内容は妥当か

・プログラム修正に関する品質基準は遵守されているか

・外注からの引継ぎが適切に行われているか

・新規に配属された担当者や若手の担当者に対する教育は十分に行われているか

サンプル論文

1．情報システムの概要と日常的な保守の体制及び方法

1．1　情報システムの概要

　Ａ社は主に企業向けに情報機器を販売している商社である。営業員が顧客から注文をとってきて，それを販売管理システムに入力し，倉庫から顧客に商品を配送している。倉庫の在庫が少なくなると商品管理部の担当者がメーカに商品を発注している。今回，対象となる情報システムは，この販売管理システムで，対象業務は受注，出荷，売掛管理，発注，仕入，買掛管理及び倉庫管理である。このシステムは，10年前にソフトウェア会社であるＢ社に発注して構築された。その後，何回か大規模な改訂が行われている。

　Ａ社は本社の他に，全国7箇所に営業所があり，倉庫は東京のみにある。このシステムの端末は，本社及びこれらの営業所と倉庫に設置されている。

1．2　日常的な保守の体制及び方法

　Ａ社には情報システム室があり，管理者を含めて8名の社員が属している。情報システムの運用及びシステム開発後の保守作業は，情報システム室が行っている。

　保守作業の主要な項目として，各種マスタの保守がある。社員の異動に伴う社員マスタの修正や，新製品の追加などによる商品マスタの修正などである。この作業は，マスタごとに担当者がおり，基本的にはその担当者に作業が任されている。

　保守作業のもう一つの重要な作業が，プログラムの修正である。新規の開発や，大規模な修正は，基本的に外部のソフトウェア会社に任せているが，小規模な追加修正やバグの修正などは，情報システム部の社員が行っている。この作業もプログラムごとに担当者が決まってお

り，作業はその担当者に任されている。　　　　　(743字) 30

２．保守において想定されるリスクとその要因

２．１　想定されるリスク

(1) 各種マスタの修正に関するリスク

　各種マスタの修正作業を間違えると，給与の計算を間違えたり，商品の価格が正しくなくなったりして，非常 5 に大きな影響が出ることが予想される。マスタの修正作業は作業自体は担当者が行うが，必ず事前のマスタ照会の画面と，修正後のマスタ照会の画面をハードコピーで印刷して，ほかの担当者がそれをチェックするルールになっている。しかし，このチェックが表面的に行われ， 10 間違った修正が行われてしまうリスクが想定された。

(2) プログラム修正に関するリスク

　A社ではオリジナルのプログラム開発は外注されているので，情報システムの担当者は十分にプログラムを理解しきれているとは限らない。このような場合には，プ 15 ログラムの修正が適切に行われずに，本番稼働後に問題が生じてしまう可能性がある。

> リスク原因を述べて説得が出るようにしている。

　プログラム修正後のテストが十分に行われているかについても，リスクが存在する。修正作業後のテストは担当者に任されており，担当者によってテストの品質も異 20 なっている。厳密なテストを行う担当者もいれば，簡単なテストで済ませてしまっている担当者も存在する。テストが十分に行われていないと，売上や請求を間違えるなど業務処理を間違えることになり，顧客の信用を失うなどの業務に多大な影響を与えてしまう可能性がある。 25

２．２　リスクの要因

(1) 各種マスタの修正に関するリスク要因

　各種マスタの修正後のチェックをほかの担当者が行うということは全員分かっているが，誰が行うかは明確に

なっておらず，その責任も明確になっていない。修正を 30
行った担当者から依頼があっても，自分の仕事が忙しい
とチェックがいい加減になってしまうという意見が数人
からあった。●------

> 担当者の意見を書くこと
> によってリアリティを出し
> ている。

(2) プログラム修正に関するリスク要因

　担当者がプログラムを十分に理解していないことが， 35
保守が適切に行われないリスクの大きな要因となってい
る。プログラムの理解度にバラツキがある主要な要因は，
外注や前任者から引継ぎが十分に行われていないことで
ある。引継ぎが重要であることは理解されているようで
あるが，仕事が忙しいときには十分な引継ぎを行うこと 40
ができないという意見を言っている担当者もいた。

　プログラム修正後のテスト内容にバラツキがあるのは，
品質基準が遵守されていないからである。保守に関する
品質基準は，開発に関する品質基準を流用したものであ
り，Ａ社の保守の現状に合った内容となっているか疑問 45
である。また，この品質基準が十分に保守担当者に理解
されているかという点もリスク要因として挙げられる。
数人の担当者にヒアリングした限りでは，品質基準の内
容はおぼろげには理解しているが，常に品質基準が参照
されて作業を行っている状況ではなかった。　　　(1245字) 50

> 正式な調査は設問ウで述
> べるので，ここでは数人の
> ヒアリングにとどめてい
> る。

３．日常的な保守の適切性を監査する場合の監査要点

３．１　監査証拠に基づく監査の必要性

(1) 各種マスタの修正に関する監査の必要性●------

> 設問イと段落構成を合わ
> せることによって，全体の
> 構成を分かりやすくして
> いる。

　担当者の意見によれば，各種マスタの修正時のチェッ
クが十分に行われていない可能性が高いと思われる。過 5
去のトラブル履歴をチェックすると，各種マスタの修正
ミスは件数が多いわけではないが，年に数件は発生して
いる。今のところ，修正ミスによって重大なトラブルは
引き起こされているわけではないが，現在のチェック体

制を考えると，今後重大なトラブルが発生しないとも限
らない。トラブルの未然防止の観点から，各種マスタの
修正に関して，修正ミスが発生しない体制，仕組みにな
っているかを確認すべきである。

(2) プログラム修正に関する監査の必要性

　リスクを調査している段階で，幾つかの気になる事象
が発見されている。最初に担当者のプログラムの理解度
にバラツキがある点が気になる。外注や前任者からの引
継ぎが十分に行われていないという意見もあるが，この
引継ぎが不十分であれば，当然その後の保守の品質も悪
くなると予想される。したがって，引継ぎに関してルー
ルが定まっていて，そのとおりに引継ぎが十分に行われ
ているかについても，十分に確認する必要がある。

　次に保守の品質基準が開発の品質基準を流用したもの
であるという点が気になる。保守作業は開発作業と類似
している部分もあるが，保守固有の品質上の考慮点もあ
るので，それらが品質基準に盛り込まれて，本当に適切
な品質基準になっているかを確認する必要がある。

　さらに品質基準が担当者に十分に理解されていない点
が注目される。品質基準が十分に理解されていなければ，
当然，その内容が遵守されていない可能性も高いと考え
られる。品質基準の理解度は数人に確認しただけである
が，非常に重要な点であるので，担当者全員を対象とし
て，その理解度と遵守状況を確認する必要がある。

３．２　設定する監査要点

(1) 各種マスタの修正に関する監査要点

　各種マスタの修正に関しては，修正後のチェックが十
分に行われているか確認することを監査要点とした。具
体的には，次のような項目を評価することとした。

自然に箇条書きの説明に
移れるようにしている。

・マスタ修正後のチェックの方法が規程化されており，
その内容は妥当か。

・修正後のチェックが規程どおりに確実に実施されてい

るか。

・修正後のチェックの重要性が，担当者全員に理解され
ているか。

(2) プログラム修正に関する監査要点

　プログラム修正に関しては，プログラム修正の品質管
理が十分に行われているかどうかを監査要点とした。ま
た，その前提となる担当者のスキルレベルを確保する施
策がとられているかについても，監査要点とすることと
した。具体的には，以下のような項目を評価することと
した。

・プログラム修正に関する品質基準の内容は妥当か。

・プログラム修正に関する品質基準は遵守されているか。

・外注からの引継ぎが適切に行われているか。

・新規に配属された担当者や若手の担当者に対する教育
は十分に行われているか。

(1387字)

午後Ⅰ問３

問 情報システムの冗長化対策とシステム復旧手順に関する監査について

　今日，社会に広く浸透している情報システムが自然災害，停電，システム障害などによって停止すれば，企業活動などに深刻な影響を及ぼしかねない。このことから，情報システムの冗長化対策及びシステム復旧手順の重要性に対する意識が，企業をはじめ社会全体で高まっている。

　企業などでは，データセンタなどの拠点・施設，ハードウェア，ネットワーク，電源などの冗長化によって，情報システムの安定稼働を図っている。また，情報システムが停止した場合の復旧手順を定めて，停止時間をできる限り短く抑えることにも努めている。

　システム復旧手順は，停止した情報システムを確実かつ迅速に復旧させるものでなければならない。そのためには，一度策定したシステム復旧手順を，状況の変化に応じて見直したり，システム復旧手順のテスト・訓練を定期的に行ったりして，継続的に改善していくことが重要である。

　このような状況を踏まえると，システム監査においては，システム復旧手順が文書化されていることの形式的な確認だけでは不十分である。

　システム監査人は，情報システムに適用された冗長化対策の妥当性を確認したり，システム復旧手順の内容，テスト・訓練の実施状況などを確認したりすることによって，システム復旧手順がシステム停止時間の短縮に十分に寄与するものであるかどうかを評価する必要がある。

　あなたの経験と考えに基づいて，設問ア～ウに従って論述せよ。

設問ア　あなたが関係する組織の情報システムの概要を述べ，その冗長化対策及びシステム復旧手順策定の背景や必要性について，800字以内で述べよ。

設問イ　設問アに関連して，当該情報システムの冗長化対策の検討過程において，どのような対策又は対策の組合せが比較され，採用されたか。想定される脅威が顕在化する可能性，顕在化した場合の影響度及び対策の経済合理性を踏まえて，700字以上1,400字以内で具体的に述べよ。

設問ウ　設問アで述べたシステム復旧手順の実効性を監査する場合の監査手続を，設問イを踏まえて，700字以上1,400字以内で具体的に述べよ。

解説

●段落構成

1. 情報システムの概要と冗長化対策及びシステム復旧手順策定の背景と必要性
   - 1.1 情報システムの概要
   - 1.2 冗長化対策及びシステム復旧手順策定の背景と必要性
2. 冗長化対策に関して検討された対策案と採用された対策
   - 2.1 （分野1）に対する対策
   - 2.2 （分野2）に対する対策
3. システム復旧手順の実効性監査の監査手続
   - 3.1 （分野1）に関する監査手続
   - 3.2 （分野2）に関する監査手続

●問題文の読み方と構成の組み立て

（1）問題文の意図と取り組み方

　過去にも何回か出題されている冗長化対策とシステム復旧手順に関する問題なので，事前に準備をしていた受験者も多かったと思われる。しかし，設問イに「想定される脅威が顕在化する可能性，顕在化した場合の影響度及び対策の経済合理性を踏まえて」という細かい指定があるので，これらの設問の指定に忠実に書かなくてはいけない点に注意する必要がある。

　問題の構成としては，設問イで比較対象となった冗長化対策に関する対策案と採用された対策を述べ，設問ウではシステム復旧手順の実効性監査の監査手続を述べる設問内容となっており，それぞれ観点が異なっているので，この二つをうまく書き分けることが重要である。

（2）全体構成を組み立てる

　設問アの前半は情報システムの概要を述べればよいので，特に難しい点はなかったと思われるが，後半で述べる内容を踏まえて，システムの重要性などが伝わる内容にしておいた方がよいと思われる。後半は，冗長化対策及びシステム復旧手順策定の背景や必要性について述べる必要がある。ここで述べるのは，あくまでも背景や必要性なので前半の記述を踏まえ，どのようなリスクがあって，それに対応するためにどのような対策が必要になったかを述べればよい。

　設問イでは，冗長化対策の検討過程において，どのような対策又は対策の組合せが比較され，採用されたかを述べる必要がある。システム化冗長対策は，いろいろ

午後Ⅰ

午後Ⅱ　問3

57

な案が考えられるので，その案を記述することは難しくないが，その比較をきちんと書くことが重要である。それぞれの案のメリット，デメリットを踏まえて，客観的な比較を行うことが必要である。

　また，設問に「想定される脅威が顕在化する可能性，顕在化した場合の影響度及び対策の経済合理性を踏まえて」という指定があるので，これに忠実に答えていかなければならない。想定される脅威が顕在化する可能性と顕在化した場合の影響度については，通常のリスク分析では必ず行うので，特に難しい点はないと思われる。通常は，これらを完全に定量的に分析することは難しいので，多くの企業はこれらを3段階または5段階などで評価している。対策の経済合理性は，顕在化する可能性，顕在化した場合の影響度と対策にかける費用との比較で検討される。最も一般的な考え方は，顕在化する可能性と顕在化した場合の影響度の乗算の結果よりも，対策にかける費用が少ないことが求められる。

　解答に際しては，これらの対策案の比較と採用された対策で項を分けてもよいが，この二つは密接な関係があるので，それよりも分野別に対策案と採用した対策を書いた方が書きやすいと思われる。

　設問ウは，システム復旧手順の実効性を監査する場合の監査手続を述べる必要がある。監査手続の記述は，定番の設問要求なので難しいことはないと思われるが，問題文に幾つかの解答の方向性が示されているので，これに対しても配慮する必要がある。問題文には，まず「システム復旧手順が文書化されていることの形式的な確認だけでは不十分である」と書かれているので，当然文書のチェックだけでなく，その実効性を確認するような監査手続が必要になる。次に，「そのためには，一度策定したシステム復旧手順を，状況の変化に応じて見直したり，システム復旧手順のテスト・訓練を定期的に行ったりして，継続的に改善していくことが重要である」と書かれているので，単に現在の状況が適切かどうかということだけではなく，復旧手順に関して継続的な改善が行われているかどうかについても監査する必要がある。

●論文設計テンプレート

1．情報システムの概要と冗長化対策及びシステム復旧手順策定の背景と必要性
　　1.1　情報システムの概要
　　　・地方銀行の基幹オンラインシステム
　　　・4年前にオープン系のサーバを利用したシステムにリプレースされている。

1.2 冗長化対策及びシステム復旧手順策定の必要性

・銀行のシステムでは長時間のシステムダウンを起こしてはならないので，徹底した冗長化対策が必要である。

・銀行のシステムでは，取引の証跡が紙で残されていない場合が多いので，事業継続の観点からも確実な復旧が保証されなくてはいけない。

2. 冗長化対策に関して検討された対策案と採用された対策

2.1 ハードウェア障害に対する対策

・ハードウェア障害に関しては，被害額の大きさを考えると，すべてのシステム要素に対して徹底した冗長化を行うので，大きな選択の余地はなかった。

・ディスクの冗長化などに関しても，費用よりも信頼度の向上を優先して決定を行った。

・非常用発電機に関しては，当初4時間の稼働を想定していたが，大規模停電なども考慮して6時間に延ばすと同時に，システムの一部のみ稼働して時間を延ばすことも対策案に盛り込んだ。

2.2 大規模災害に対する対策

・2か所のコンピュータセンターによる相互バックアップとバックアップセンターの利用の二つの案が検討されたが，限定された地域で相互バックアップを行うことの有効性と，費用対効果の面から，バックアップセンターを利用する案が採用された。

3. システム復旧手順の実効性監査の監査手続

3.1 ハードウェア障害に関する監査手続

・バックアップが確実にとられていることを，オペレーションマニュアルとオペレーション記録で確認する。

・バックアップデータからの普及手順が適切であることをオペレーションマニュアルで確認する。

・実際にテストが行われていることや，そこで提示された改善案が実際に実施されていることをテスト記録やオペレーションマニュアルで確認する。

3.2 大規模災害に関する監査手続

・火災や地震だけでなくテロや爆破などあらゆる緊急事態について想定されていることを，災害時対応マニュアルを見て確認する。

・復旧手順が，その想定した災害について十分に対応可能な内容となっていることを，災害時対応マニュアルを見て確認する。

・災害時対応マニュアルの存在及び内容が関係者に周知されていることと，それに基づいて訓練が定期的に行われていることなども，災害時対応マニュアルと訓練記録で確認する。

1．情報システムの概要と冗長化対策及びシステム復旧手順策定の背景と必要性

1．1　情報システムの概要

　A銀行は，国内の某主要都市に本店を置く地方銀行である。店舗数は約80店舗で本店に設置されたコンピュータとオンラインで結ばれている。今回対象となるシステムは，A銀行の基幹オンラインシステムである。このシステムは，口座の開設から入出金などのATMや窓口での業務を対象とした銀行での中核業務を対象としている。このシステムは従来ホストコンピュータで処理されていたが，4年前にオープン系のサーバを中心としたシステムにリプレースされており，全店舗のATM，窓口端末などがすべて接続されている。

1．2　冗長化対策及びシステム復旧手順策定の必要性

　銀行のオンラインでは，システムが障害を起こすと窓口の業務が完全にストップしてしまいその影響は非常に大きい。もし，長時間のシステム障害が発生してしまうと，決済業務なども止まってしまい利用者の活動に大きな影響を与えてしまう。その結果，マスコミなどでも大きく取り扱われ，金融庁からの行政指導などに至る場合もある。したがって，システムダウンを起こさないように冗長化対策は十分に行っておく必要がある。●

　また，銀行のオンラインシステムでは，多くの処理がATMなどの端末から処理されており，取引の証跡は紙では残されていない場合が多い。したがって，万が一取引の電子データが破壊されて復元できないとすると，事業の継続は困難になる。通常はバックアップデータを定期的にとっており，ハードディスク上のデータが消滅しても復元は可能であるが，火災や地震の場合にはバックアップデータまで同時に消滅してしまう可能性があるので，復旧手順策定に関しては十分に慎重な検討を行っておく必要がある。

２．冗長化対策に関して検討された対策案と採用された対策

２．１　ハードウェア障害に対する対策

　銀行の基幹システムの冗長化対策に関しては，ハードウェア障害と大規模災害に分けて検討した。

　最初に，ハードウェア障害を対象として冗長化対策を検討した。これらの障害が発生する確率は，今までの経験から，月に数回程度である。これらの障害に対して，長時間のシステムダウンが発生してしまうと，事後対策や最悪損害賠償等も含めて場合によっては数十億にも上る被害額が想定された。したがって，ハードウェア障害に対する基本方針は，数十億の投資になるとしても長時間のシステム障害を発生させないように完全二重化対策をとることとなった。具体的には，コンピュータ本体，ハードディスク，ネットワーク機器，ネットワーク回線などをすべて二重化して，コンピュータに関してはホットスタンバイ機能を装備することとしたので，特に大きな選択の余地はなかった。強いて言うと，ハードディスクの冗長化を RAID5 にするか完全ミラーリングにするかなどの細かい点での冗長化の選択肢はあったが，どのケースも各案で金額的な相違がそれほどあるわけではなかったので，基本的には信頼性のより高い選択を行うこととした。

> 設問で要求されている対策案の比較という要素を追加している。

　しかし，一つ議論になったのが，非常用発電機である。当初は非常用発電機の最大稼働時間を４時間で想定していたが，大規模停電の可能性を考えると，この時間では短いのではないかという意見が出た。そこで，この時間を延長する対策案が検討されたが，燃料の保管容量にどうしても制限が出るので，最大６時間までしか延ばせないことが判明した。しかし，コンピュータの稼働を本当に必要最低限の範囲に絞ると，この時間を10時間まで延長できるので，緊急時には稼働範囲の制限も含めて対策

案を策定することとした。

2.2 大規模災害に対する対策

　大規模地震などの大規模災害が発生した場合には，コンピュータセンター全体が被害を受けるために，2.1で述べた冗長化対策だけでは対応できないため，別の冗長化対策の検討が必要であった。このための冗長化対策としては，バックアップセンターを設置する方法とコンピュータセンターを2か所設置し，相互バックアップ体制をとる方法の二つが比較された。当然，相互バックアップ体制の方が，システム全体がダウンする可能性は低く，顧客に与える影響も少ないと想定されたが，費用はすべての設備を二重に設置する必要があることや要員を二重に配置する必要があることから，運用費も含めて5年間で百数十億円余計にかかることが想定された。また，もう1か所のセンターは，同時被害を防ぐためには，元のセンターから離れた遠隔地に設置しないといけない。しかし，A銀行は特定地域に支店が集中しているために，もう1か所のセンターを遠隔地域に設置してしまうと，支店からのネットワーク費用等が大幅に増加してしまうという問題もあった。これらの検討の結果，大規模災害時の冗長化対策は，バックアップセンター方式を採用することとした。

3．システム復旧手順の実効性監査の監査手続

3.1 ハードウェア障害に関する監査手続

　システム復旧手順の実効性の監査についても，ハードウェア障害と大規模災害に分けて検討することとした。ハードウェア障害に関しては，2.1で述べたように万全の冗長化対策をとっているので，システム復旧手順が必要とされる可能性はあまり高くないが，それでも正副ディスクが同時に障害を起こすことや，ソフトウェアにバグがあって復旧が必要になることもないとは言えないので，システム復旧手順の実効性監査は必要となる。シ

> 設問で問われている経済的合理性の観点を盛り込んでいる。

ステムの復旧は，バックアップデータを使用して行うことになる。

　これに関する監査では，まずバックアップデータが確実にとられていることを確認する必要がある。これについては，オペレーションマニュアル等の確認により，バックアップ取得の手順が定められていることを確認する。また，それが確実に実施されていることをオペレーション記録や実物により確認する必要がある。

　次に，バックアップデータからの復旧の手順がきちんと定められていることを確認する必要がある。これに関しては，オペレーションマニュアルを確認して，その手順の妥当性をチェックした。

　さらに，この手順に従って，そのテストが確実に実施されていることを確認した。これに関しては，テスト記録を見て確認をとった。この際に，単にテストが行われているかどうかをチェックするだけでなく，その結果として問題点や改善点が指摘されていることも確認した。さらに改善点については，それがオペレーションマニュアルなどに実際に反映されていることもチェックすることとした。

> 問題文で指摘されている継続的改善についても触れている。

3.2　大規模災害に関する監査手続

　大規模災害に関する復旧の手順は，災害時対応マニュアルに記載されていた。大規模災害の監査については，まず，災害時対応マニュアルで想定している緊急事態の網羅性を確認する必要がある。火災や地震だけでなくテロや爆破など想定されるあらゆる緊急事態について想定がされていることを，災害時対応マニュアルを見て確認することとした。

　次に，復旧手順が，その想定した災害について十分に対応可能な内容となっていることを確認する必要がある。また，この手順どおりの行動が実際に取れるように役割分担が明確にされていることなども確認する必要が

ある。この点についても，災害時対応マニュアルの内容を点検することとした。特に役割分担に関しては，組織変更などの結果を反映して最新の状態になっていることなども確認した。●- - - - - - - - - - - - -

> リアリティが出るように追加した。

　次に，災害時対応マニュアルの存在及び内容が関係者に周知されていることと，それに基づいて訓練が定期的に行われていることなども，確認する必要がある。これに関しては関係者にインタビューして，災害時対応マニュアルの理解状況を確認するとともに，訓練記録を確認して実際に訓練が定期的に行われていることを確認した。また，その結果，問題点や改善点が指摘されていることも同時に確認した。

著者紹介

落合 和雄（おちあい かずお）

コンピュータメーカ，SI ベンダで IT コンサルティング等に従事後，1998 年経営コンサルタントとして独立。経営計画立案，IT 関係を中心に，コンサルティング・講演・執筆等，幅広い活動を展開中。特に，経営戦略及び情報戦略の立案支援，経営管理制度の仕組み構築などを得意とし，これらの活動のツールとしてナビゲーション経営という経営管理手法を提唱し，これに基づくコンサルティング活動を展開中である。また，高度情報処理技術者試験（システム監査，システムアナリスト，プロジェクトマネージャ等）対策講座で多くの合格者を輩出しており，わかりやすく，丁寧な解説で定評がある。即物的な解の求め方を教えるのではなく，思考プロセスを尊重し，応用力を育てる「考える講座」を得意とする。

情報処理技術者システム監査・特種，中小企業診断士，IT コーディネータ，PMP，税理士

著書に，『未来型オフィス構想』（同友館・共著），『IT エンジニアのための【法律】がわかる本』（翔泳社），『IT エンジニアのための【会計知識】がわかる本』（翔泳社），『実践ナビゲーション経営』（同友館）ほか，情報処理技術者試験関係の執筆多数。

装丁：金井 千夏

[ワイド版] 情報処理教科書
システム監査技術者 平成 24 年度 午後 過去問題集

2016 年 10 月 1 日 初版 第 1 刷 発行（オンデマンド印刷版 ver.1.0）

著　　　　者	落合 和雄
発　行　人	佐々木 幹夫
発　行　所	株式会社 翔泳社　（http://www.shoeisha.co.jp）
印刷・製本	大日本印刷株式会社

©2014 Kazuo Ochiai

本書は著作権法上の保護を受けています。本書の一部または全部について、株式会社 翔泳社から文書による許諾を得ずに、いかなる方法においても無断で複写、複製することは禁じられています。

本書は『情報処理教科書 システム監査技術者 2015 ～ 2016 年版（ISBN978-4-7981-3849-7)』を底本として、その一部を抜出し作成しました。記載内容は底本発行時のものです。底本再現のためオンデマンド版としては不要な情報を含んでいる場合があります。また、底本と異なる表記・表現の場合があります。予めご了承ください。

本書へのお問い合わせについては、2 ページに記載の内容をお読みください。

乱丁・落丁はお取り替えいたします。03-5362-3705 までご連絡ください。

ISBN978-4-7981-4988-2